I0073059

SCHÄDEN

AN LEBENSWICHTIGEN BAUTEILEN DES KRAFTFAHRZEUGES

HERAUSGEGEBEN
VOM BAYERISCHEN REVISIONS-VEREIN
MÜNCHEN

MÜNCHEN UND BERLIN 1933
KOMMISSIONS-VERLAG VON R. OLDENBOURG

INHALTSVERZEICHNIS

VORWORT

In dem vorliegenden Buch ist eine Reihe von Schäden an Kraft-
fahrzeugteilen dargestellt, die auf Veranlassung unserer amtlichen Prüf-
stellen für den Verkehr mit Kraftfahrzeugen und unserer maschinen-
technischen Beratungsstelle in der Materialprüfanstalt des Bayerischen
Revisionsvereins in München untersucht worden sind.

In der Einleitung werden die wesentlichsten Werkstoffeigenschaften
des Flußstahles und des Gußeisens behandelt.

Das Buch ist als Hilfsmittel für die Sachverständigen des Kraftfahr-
wesens, für die Hersteller von Kraftfahrzeugen und für das Automechaniker-
gewerbe gedacht. Auch für Betriebe, die über einen großen Kraftwagen-
park verfügen, dürfte es gute Dienste leisten.

Bei der Vielheit der Wagenbauarten kann das Buch selbstverständlich
nicht alle vorkommenden Schäden umfassen.

München, 1. Juli 1933.

Bayerischer Revisions-Verein

EINLEITUNG

Das technische Eisen enthält stets eine Reihe von erwünschten und unerwünschten Beimengungen. Erstere werden Legierungsbestandteile, letztere Verunreinigungen genannt.

Der wichtigste Legierungsbestandteil ist der Kohlenstoff (C), der dem Eisenwerkstoff die für seine technische Verwendbarkeit maßgebenden Eigenschaften verleiht. Er geht mit dem chemisch reinen Eisen, dem „Ferrit", die Verbindung „Eisenkarbid" oder „Zementit" (Fe_3C) ein, die zum Unterschied vom weichen Ferrit hart und spröde ist.

Mit Ferrit zusammen bildet der Zementit den sog. „Perlit", der ein inniges Gemenge beider Bestandteile in meist lamellarer Anordnung darstellt. Der Zementit tritt aber auch frei z. B. an den Korngrenzen der Ferritkristalle oder in einer überkohlten Einsatzschicht auf.

Das technische Eisen wird in zwei Hauptgruppen eingeteilt, die nach der Schmiedbarkeit unterschieden werden. Die Eisensorten bis zu einem Kohlenstoffgehalt von 1,7% sind schmiedbar und werden als „Stahl", die nicht schmiedbaren mit höherem Kohlenstoffgehalt als „Gußeisen" bezeichnet. Beide Eisensorten finden am Kraftfahrzeug Verwendung.

Flußstahl

Der erste Teil des Wortes „Flußstahl" ist ein Hinweis auf das Herstellungsverfahren des Stahles; denn der weitaus größte Teil der erzeugten Stahlmenge wird heute aus dem flüssigen Zustande gewonnen.

a) Bis zu einem Kohlenstoffgehalt von 0,9% besteht das Gefüge des Flußstahles im geglühten Zustand aus Ferrit und Perlit. Der Ferrit wird mit steigendem Kohlenstoffgehalt durch den Perlit allmählich verdrängt, bis er bei 0,9% aus dem Gefüge vollständig verschwunden ist, das dann nur mehr Perlit enthält.

Mit zunehmendem Kohlenstoffgehalt (bis etwa 0,9%) steigen Streckgrenze, Zerreißfestigkeit, Dauerfestigkeit und Härte des Stahles an, Dehnung und Zähigkeit (Kerbzähigkeit) und Oberflächenkerbempfindlichkeit fallen. Für gute Härtbarkeit ist ein hoher, für gute Schweißbarkeit dagegen ein niedriger Kohlenstoffgehalt günstig.

Zur Veredelung des reinen Kohlenstoffstahles dient in erster Linie ein Zusatz von Nickel. Im Kraftfahrzeugbau findet hauptsächlich niedrigprozentiger Nickelstahl (bis 6% Ni bei 0,15 bis 0,6% C) Verwendung. Häufig erhalten die Nickelstähle noch Zusätze von Chrom, Wolfram, Molybdän, Vanadium und Silizium (bis zu 1%).

Die Legierungselemente verstärken im allgemeinen die Wirkung des Kohlenstoffes in bezug auf die Streckgrenze, Zerreißfestigkeit und Härte, mildern dabei aber den zähigkeitsvermindernden Einfluß. Nickel und Chrom sind für die Vergütungsfähigkeit von ausschlaggebender Bedeutung. Durch Nickel wird die Kalt- und Warmbiegsamkeit und die Schweißbarkeit des Stahles nicht beeinflußt.

Als schädliche Beimengungen oder Verunreinigungen sind in der Hauptsache Schwefel und Phosphor zu nennen. Sie machen den Werkstoff warm- bzw. kaltbrüchig und vermindern die Schweißbarkeit.

Sämtliche Beimengungen, gleichgültig ob nützlicher oder schädlicher Natur, soll der Werkstoff gleichmäßig verteilt enthalten. Deshalb ist schon bei der hüttenmäßigen Herstellung und Verarbeitung der Rohblöcke durch geeignete Mittel die Gefahr der Bildung von Seigerungszonen zu unterdrücken, die eine Ansammlung der Beimengungen im Innern darstellen.

Der hüttenmäßig gewonnene Flußstahl wird durch Walzen und Schmieden weiter verarbeitet. Baustähle mit höherem Kohlenstoffgehalt weisen nach dem Schmieden häufig ein mehr oder weniger grobkörniges Überhitzungsgefüge mit weitmaschigem Ferritnetzwerk auf.

Je grobkörniger das Gefüge eines Werkstoffes ist, desto niedriger sind Zähigkeit und Streckgrenze. Da bei stoßartiger Beanspruchung in erster Linie aber Zähigkeit, bei wechselnder Beanspruchung hohe Streckgrenze (als Voraussetzung guter Dauerfestigkeit) und geringe Oberflächenkerbempfindlichkeit gefordert wird, ist es nötig, das durch das Schmieden grobkörnig gewordene Gefüge des Werkstoffes durch eine geeignete Wärmebehandlung zu verfeinern, d. h. zu vergüten.

b) Die Vergütung besteht:

1. im Abschrecken des Werkstückes aus einer genau vorgeschriebenen Temperatur, die vom Kohlenstoffgehalt und von den übrigen Legierungsbestandteilen abhängig ist und

2. im nachfolgenden Anlassen auf eine Temperatur zwischen 100 und etwa 700°.

Das Abschrecken ergibt die feinstmögliche Gefügeausbildung unter gleichzeitiger Bildung des Härtegefüges Martensit. Das Anlassen nimmt dem Gefüge die Härte, ohne die Feinheit des Kornes zu verändern.

Durch die Höhe der Anlaßtemperatur kann die Streckgrenze und die Zerreißfestigkeit willkürlich zwischen der niedrigsten, dem geglühten Zustand des Werkstoffes entsprechenden und der höchsten Lage im gehärteten Zustand verändert werden.

Einer der Hauptvorteile der Nickel- und Chromzusätze besteht darin, die Durchhärtung starker Querschnitte zu ermöglichen.

c) Bauteile, die infolge starker Beanspruchung auf Abnützung nur an der Oberfläche hart, im übrigen aber zäh sein sollen, werden im Einsatz gehärtet oder anderen Oberflächenhärtungsverfahren unterworfen.

Als Ausgangswerkstoff für die Einsatzhärtung dient ein kohlenstoffarmer, weicher Flußstahl mit einem Kohlenstoffgehalt von etwa 0,18%, der meist Nickel und Chrom als Zusätze enthält. Durch vielstündiges Glühen in kohlenstoffhaltigen Mitteln wird eine Aufkohlung der äußersten Schicht auf 0,9% erreicht. Die Dicke der Einsatzschicht soll sich nach der Stärke des tragenden Querschnittes richten und z. B. bei Automobilzahnrädern im allgemeinen nicht über 0,8 mm betragen. Sie wird bei gegebener Schärfe des Einsatzmittels durch die Länge der Einsatzglühdauer bestimmt. Bei einer zu langen Einsatzglühdauer wird die Einsatzschicht im Verhältnis zur Querschnittsbreite zu dick, bei einem zu scharfen Einsatzmittel tritt eine Aufkohlung der Einsatzschicht über 0,9% ein, was zur Bildung von freiem Zementit in Form von Nadeln oder eines Netzwerkes führt. Diese Gefügeausbildung macht den Einsatz spröde, er neigt zum Ausbröckeln.

Nach Beendigung des Einsatzglühens erfolgt im allgemeinen das Abschrecken aus der Einsatztemperatur. Das Abschrecken aus dieser Temperatur ergibt zwar ein verhältnismäßig feinkörniges Kerngefüge, jedoch ein überhitztes, grobkörniges und daher sprödes Gefüge der Einsatzschicht, da einem Kohlenstoffgehalt von 0,9% eine Glüh- bzw. Abschrecktemperatur von etwa 750° entspricht.

Zur Beseitigung des Überhitzungsgefüges der Einsatzschicht erfolgt hierauf eine zweite Härtung aus der dem Kohlenstoffgehalt der Einsatzschicht entsprechenden Glühtemperatur (etwa 750°). Hierdurch wird das Gefüge der Einsatzhärtung nun ebenfalls verfeinert, während die bei der ersten Härtung erzielte Feinheit des Kerngefüges erhalten bleibt.

Durch zweimaliges Abschrecken einerseits und durch die außerordentlich rasche, häufig ungleichmäßige Abkühlung beim Abschrecken andererseits entstehen in den Werkstücken beträchtliche Spannungen, die leicht ein Verziehen zur Folge haben. Zur Beseitigung der Härtespannungen wird daher bei hochbeanspruchten Zahnrädern eine Zwischenglühung bei einer Temperatur von etwa 650⁰ vor dem zweiten Abschrecken angewandt, aus der das Werkstück langsam erkaltet.

Das Einsatzhärtungsverfahren mit zweimaligem Abschrecken bezeichnet man als Doppelhärtung.

Die bei der Einsatzhärtung gewünschte Härte der Einsatzschicht beträgt etwa 600 Brinelleinheiten oder 80 Shore-Einheiten oder 60 C-Rockwelleinheiten.

Die Gefahr der Entstehung von Härtespannungen kann zwar durch die Doppelhärtung wesentlich vermindert, aber nicht vollständig beseitigt werden. Beim Nitrierhärtungsverfahren von Krupp ist diese Gefahr vermieden, da die Abschreckung aus hohen Glühtemperaturen wegfällt. Die fertig bearbeiteten Werkstücke werden in einer stickstoffhaltigen Atmosphäre bei einer Temperatur von etwa 580⁰ C geglüht, aus der sie dann langsam erkalten. Härterisse und Verziehungen sind dabei unmöglich. Ähnlich wie bei der Einsatzhärtung der Kohlenstoff, dringt bei diesem Verfahren der Stickstoff in die äußerste Schicht des Werkstoffes ein und härtet diese.

Ein in Amerika zur Härtung von Zahnrädern vielfach angewandtes Verfahren ist das Cyan-Härtungsverfahren. Als Ausgangswerkstoff dient hier nicht ein niedrig gekohlter, verhältnismäßig weicher Stahl, sondern ein Vergütungsstahl mit hoher Festigkeit. Die Werkstücke werden zunächst in der üblichen Weise vergütet und dann mittels des Cyan-Härtungsverfahrens an der Oberfläche gehärtet.

Gußeisen

Die Eisensorten, deren Kohlenstoffgehalt 1,7% übersteigt, werden als „Gußeisen" bezeichnet.

Unter gewissen Voraussetzungen, die bei der Zusammensetzung des Gußeisens gegeben sind, ist der Zementit unbeständig, d. h. er zerfällt in seine Bestandteile Ferrit und Kohlenstoff. Letzterer scheidet sich dabei in mehr oder wenigen groben Graphitadern- und Blättchen aus. Der Gefügeaufbau des Gußeisens ist daher uneinheitlich. Er enthält neben den hauptsächlichsten Bestandteilen Perlit und Ferrit auch noch freien Kohlenstoff in Form von Graphitadern- oder Blättchen. Als gebundener Kohlenstoff wird der Anteil des Gesamtkohlenstoffgehaltes bezeichnet, der an Eisen gebunden Zementit (Fe_3C) bildet und als solcher in der Hauptsache im Perlit vorkommt.

Die Festigkeitseigenschaften des Gußeisens sind um so besser, je mehr der Perlit in der Grundmasse vorherrscht und je feiner die Ausscheidungsform des Graphits ist.

Die Menge des ausgeschiedenen Graphites hängt vom Kohlenstoff-, Silizium- und Mangangehalt einerseits und von der Abkühlungsgeschwindigkeit der vergossenen Schmelze andererseits ab. Silizium befördert, Mangan hemmt die Graphitausscheidung.

Mit steigender Abkühlungsgeschwindigkeit nimmt der Perlitanteil zu, die Graphitausbildung wird feiner. Man darf die Abkühlungsgeschwindigkeit aber nicht so weit steigern, daß das Gußeisen meliert bzw. weiß erstarrt, da es dadurch spröde wird.

Durch eine der chemischen Zusammensetzungen angepaßte Regelung der Abkühlungsgeschwindigkeit, z. B. durch Vorwärmen der Formen (Lanz-Perlitguß) kann man auch bei niedrigem Siliziumgehalt ein perlitisches Gußeisen bekommen.

Der Kraftfahrzeugbau verlangt hochwertige Gußeisenwerkstoffe mit perlitischem Grundgefüge und feiner Ausscheidungsform des Graphites.

Beanspruchungen der Kraftfahrzeugteile

Die am Kraftfahrzeug auftretenden Beanspruchungen sind fast ausschließlich dynamischer Art, d. h. die Belastungen wechseln nach Größe und Richtung in sämtlichen Abstufungen zwischen dem einmalig wirkenden Stoß und der harmonisch verlaufenden Schwingung.

Zu einer Gefahr wird die dynamische Beanspruchung unter dem Einfluß der sog. Kerbwirkung, die von scharfen Querschnittsübergängen, von den Ecken der Keilnuten, ferner von eingeschlagenen Körnern und Ziffern, Dreh- und Schleifriefen usw. ausgeht und in einer beträchtlichen Spannungserhöhung besteht. Stoßweise Beanspruchung führt hierbei in einem spröden Werkstoff unmittelbar zum Bruch; bei wechselnder Beanspruchung tritt zwar kein sofortiger Bruch ein, es genügt aber schon eine geringe Überschreitung der Dauerfestigkeit zur Ermüdung des Werkstoffes und zur Entstehung eines sich allmählich vergrößernden Anrisses. Die Ursache der spannungserhöhenden Wirkung einer Kerbe ist in dem im Kerbgrund vorhandenen, mehrachsigen Spannungszustand zu suchen, der die beim einachsigen Spannungszustand auftretende Querzusammenziehung des Werkstoffes verhindert. Das Formänderungsvermögen der verschiedenen Stahlarten bei gehemmter Querzusammenziehung im Fließgebiet ist sehr verschieden und um so geringer, je schneller dem Werkstoff eine Formänderung aufgezwungen wird.

Ein kerbspröder Stahl liefert bei stoßweiser Überbeanspruchung einen sog. „Trennungsbruch" ohne Verformung an der Bruchstelle mit kristallinisch glänzender Bruchfläche.

Ein zäher Stahl ergibt bei gewaltsamer Überbeanspruchung einen sog „Verfestigungsbruch", dem eine mehr oder weniger starke Verformung (Einschnürung) an der Bruchfläche vorausgeht. Die Bruchfläche hat mattgraues, samtartiges Aussehen.

Den Gegensatz zum plötzlichen Bruch als Trennungs- oder Verfestigungsbruch bildet der sog. Ermüdungsbruch. An Stelle örtlicher Überschreitung der Dauerfestigkeit tritt infolge allmählicher Erschöpfung des Formänderungsvermögens zuerst ein Anriß auf, der langsam in den Werkstoff eindringt. Durch das ständige Scheuern der Rißflächen aneinander tritt eine Glättung derselben ein. Stillstände im Fortschreiten des Anbruches zeichnen sich durch jahresringähnliche, konzentrisch zum Ausgangspunkt des Ermüdungsbruches liegende Linien ab.

Ist die Schwächung des Querschnittes durch den Ermüdungsbruch schon so weit fortgeschritten, daß der Restquerschnitt den Betriebsbeanspruchungen nicht mehr gewachsen ist, so tritt die Trennung des gefährdeten Bauteiles in zwei Teile durch plötzlichen Bruch ein, der zumeist unter dem Einfluß starker Kerbwirkung durch den Anriß steht, und daher als Trennungsbruch erfolgt.

A. BLECHWERKSTOFFE

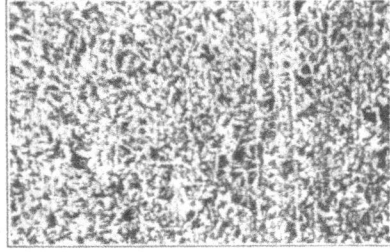
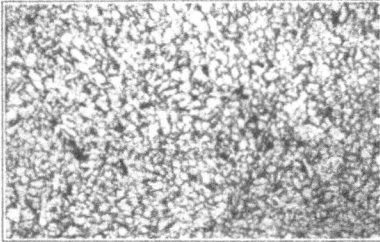
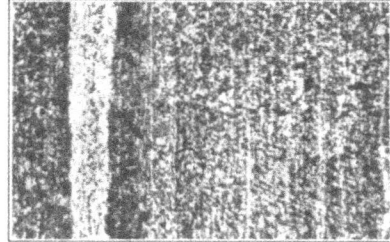
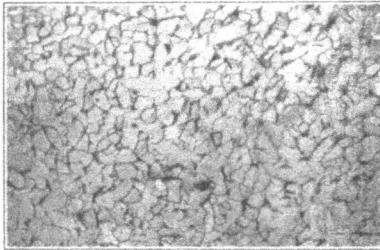
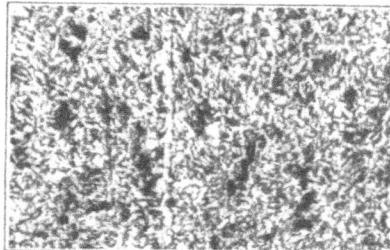
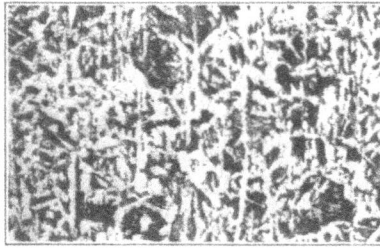
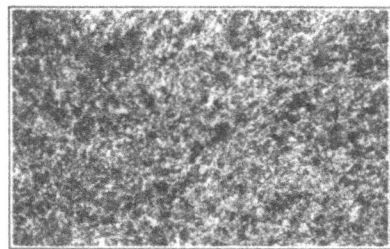

Verschiedene Längsträgerwerkstoffe deutscher und amerikanischer Herkunft

Festigkeit: 38—64 kg mm².
Kohlenstoffgehalt: 0,26—0,5%.
Gefüge: Grundmasse überwiegend ferritisch bis überwiegend perlitisch.
Zeilenförmige Anordnung der Gefügebestandteile (Bild 1, 4, 6). Grobkörnigkeit; Überhitzung (Bild 1, 4). Vergütungsgefüge (Bild 8).

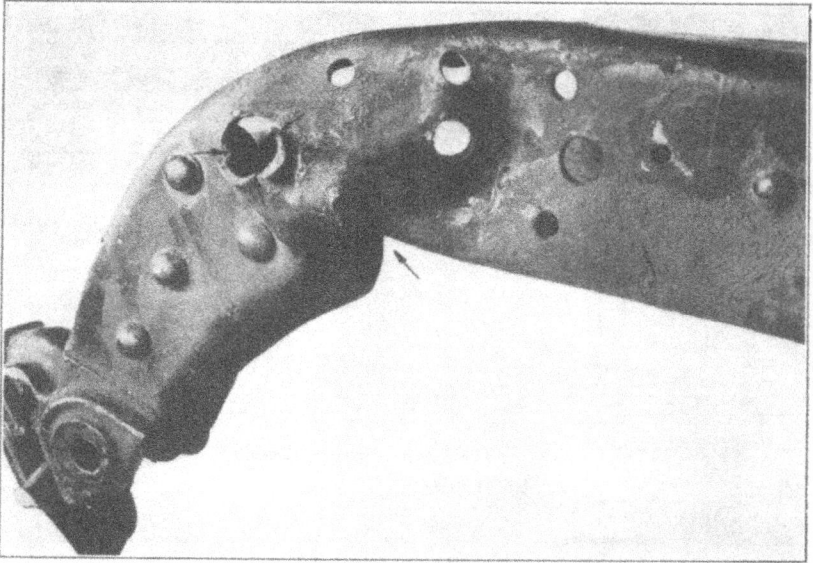

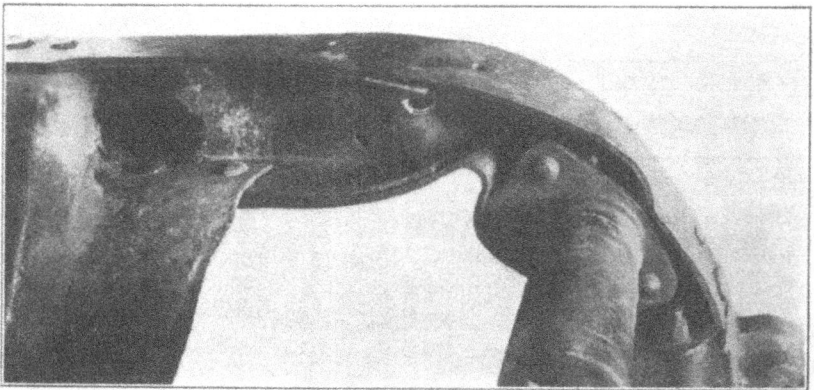

Teil: Rahmenlängsträger (Horn).

Schaden: Gewaltsame Verformung. Risse an den Nietlöchern.

Geringe Verformungen durch ruhigen Druck kalt, starke Verformungen warm ausrichten!

Die dem Kohlenstoffgehalt des Werkstoffes entsprechende Glühtemperatur genau einhalten! Bei unbekannter Werkstoffzusammensetzung ist Werkstoffuntersuchung zweckmäßig.

Nachvergüten! (etwa durch Auflegen ölgetränkter Lappen).

14

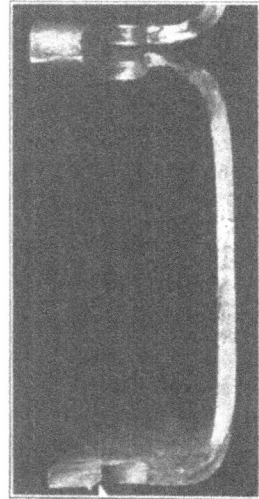

Teil: Rahmenlängsträger.

Schaden: Ermüdungsbruch im unteren Flansch.

Ursache: Örtliche Spannungserhöhung durch die Kerbwirkung eines Niet-loches.

Notwendige Bohrungen nicht in Querschnitte höchster Beanspruchung legen; unnötige Bohrungen und sonstige Schwächungen vermeiden!

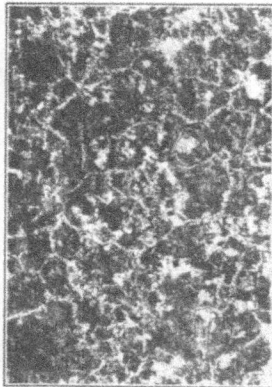

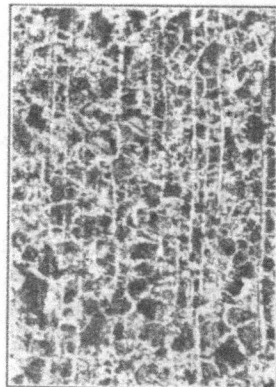

Bild 1   Bild 2

Schaden: Rahmenlängsträger durch Brand teilweise ausgeglüht.

Werkstoff:	ursprünglich	ausgeglüht
Gefüge	Bild 1	Bild 2
	(Ferritnetz)	(Ferritzeilen)
Festigkeit: kg/mm²	77	65

Bei Wiederverwendung Längsträger durch Lasche verstärken.

16

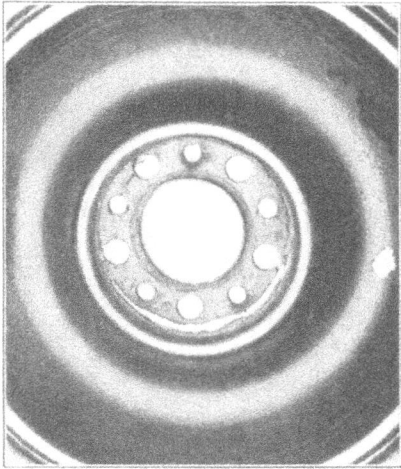

Teil: Scheibenrad (Außenseite).

Werkstoff: Festigkeit 52 kg/mm².

Gefüge: Ferrit und Perlit in feiner Verteilung (Vergütungszustand).

Formgebung: Radscheibe gewellt — elastisch.

Schaden: Befestigungskranz durch konzentrisch zum Radmittelpunkt verlaufende Ermüdungsbrüche am Lochkreis ausgebrochen.

Ursache: Es muß eine, durch äußere Einwirkung bedingte, gefährliche Steigerung der Betriebsbeanspruchungen (z. B. Schlagen des Rades infolge Anfahrens an einen Randstein) angenommen werden, da

1. der Werkstoff an sich für wechselnde Dauerbeanspruchung im Hinblick auf den gegebenen Verwendungszweck geeignet und

2. die Formgebung der Radscheibe günstig ist.

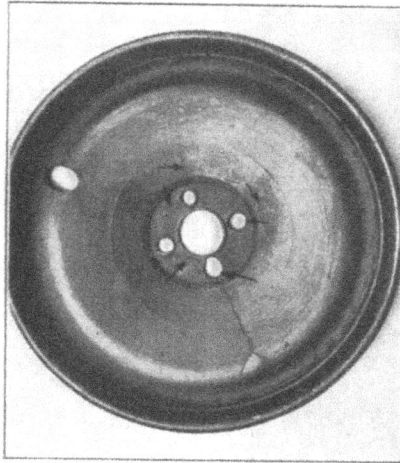

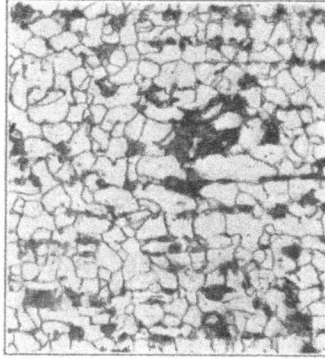

Teil: Scheibenrad (Innenseite).

Werkstoff:

Festigkeit: 39,5 kg/mm².

Gefüge: Ferrit und Perlit, grobkörnig (Glüh-
zustand).

Formgebung: Radscheibe als stumpfer Kegel ausge-
bildet; weniger elastisch als bei gewellter Form.

Schaden: Radial von den Befestigungslöchern aus-
gehende Ermüdungsbrüche; Risse in den Stegen
zwischen den Befestigungslöchern; Bördel stel-
lenweise abgebrochen.

Ursache: Werkstoff für die dauernd wechselnde Beanspruchung im Betrieb wenig geeignet; Form
der Radscheibe infolge Steifigkeit ungünstig.

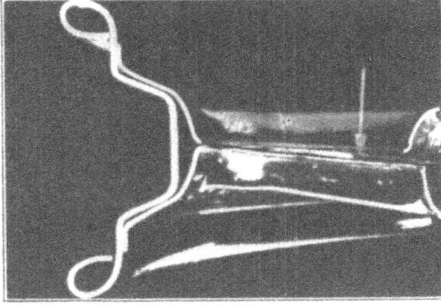

Teil: Speichenrad.

Formgebung: Zwei gepreßte Hälften durch Schweißen zusammengefügt.

Schaden: Ermüdungsbrüche in der Nähe des Loch-
kreises.

Ursache: Schlechte Nahtschweißungen an den
Speichen.
Verminderung des Widerstandsmomentes durch
Aufgehen der Schweißstellen.

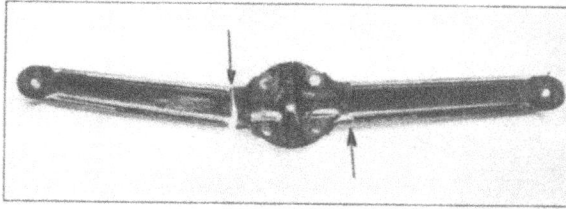

Teil: Gepreßte Lenkradspeiche (Unterseite).

Werkstoff: Festigkeit 37,5 kg/mm².

Schaden: Ermüdungsbrüche an den Speichen am Ende der durch Umbördelung der Ränder versteiften Speichenlänge.

Ursache: Ungünstige Formgebung, Versteifung nicht über die ganze Speichenlänge vorhanden; Kerbwirkung in den Übergangsquerschnitten. Bildung von Anrissen beim Bördeln. Bruch begünstigt durch Aufstützen auf das Lenkrad beim Ein- und Aussteigen.

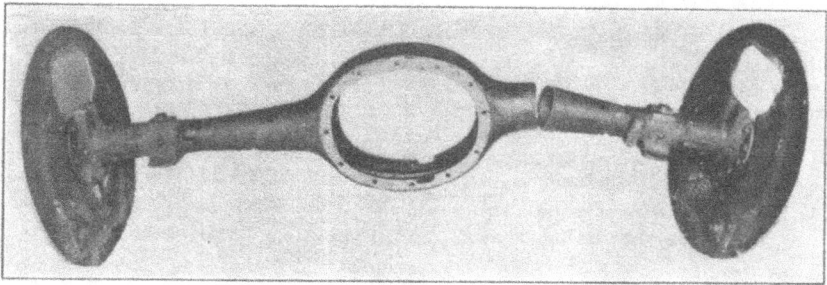

Teil: Hinterachsrohr.

Formgebung: Zwei gepreßte Hälften durch Schweißen zusammengefügt.

Schaden: Bindung beim Schweißen nur im mittleren Teil bis zur Bruchstelle und bis zur entsprechenden, gegenüberliegenden Stelle.

Vermindertes Widerstandsmoment in den äußeren Rohrteilen; Kerbwirkung am Übergang der verbundenen zu den nicht verbundenen Rohrlängen.

B. ROHRWERKSTOFFE

Bild 1

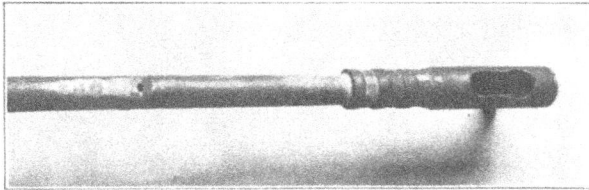

Bild 2

Teil: Stoßstangen.

Werkstoff: Nahtlos hergestellte Flußstahlrohre.

Schaden:

Bild 1: Rohrwand örtlich bis auf 1 mm Stärke geschwächt; Längsriß.

Bild 2: Rohrwand an mehreren Stellen angescheuert, eine Scheuerstelle durchgebrochen.

Ursache: Scheuerstellen durch Anschleifen des Rades bei vollem Einschlag verursacht.

Zu 1: Längsriß durch den Druck des Rades auf die geschwächte Stelle verursacht.

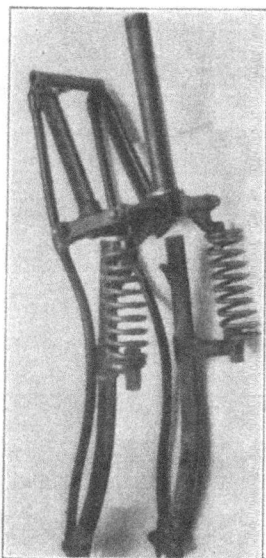

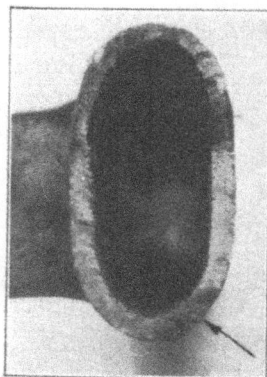

Teil: Motorradrahmenteil (Vorderradgabel).
Werkstoff: Nahtlos hergestelltes Flußstahlrohr.
Schaden: Vordere Gabelstützen unter der Gabelkopflagerung gebrochen.
Ursache: Bruch durch Ermüdungsanriß an einer Gabelstütze eingeleitet (Siehe Pfeil.)

C. VERSCHMIEDETE WERKSTOFFE

in a) unvergütetem, b) vergütetem
und c) gehärtetem (einsatzgehärtetem) Zustand

Teil: Radnabe (mit ange-
nieteter Bremstrommel).

Werkstoff: Flußstahl(Glüh-
zustand).

Schaden: Ermüdungsbruch
(*a-b*), am ganzen Umfang
von der durch Flansch
und Nabe gebildeten Ecke
ausgehend. (Siehe Pfeil.)

Ursache: Wechselnde Biegungsbeanspruchung.
(Schlagen des Rades?)
Spannungserhöhung
durch Kerbwirkung.

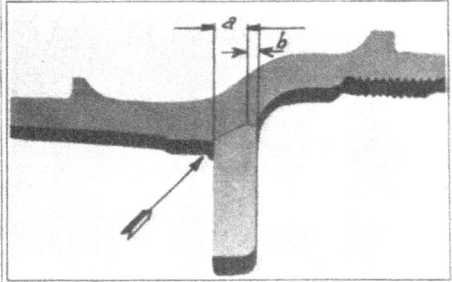

27

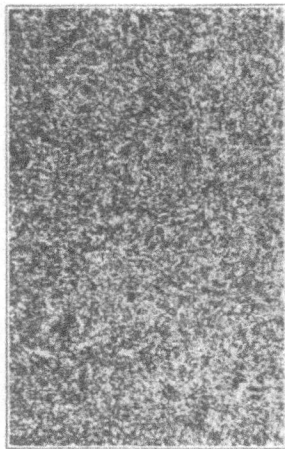

Teil: Achsschenkel eines 1,5-t-Lastkraftwagens.
Werkstoff: Vergütungsstahl.
Festigkeitseigenschaften:

Streckgrenze . . . . 50,8 kg/mm²
Festigkeit . . . . 69,2 „
Dauerfestigkeit nach Striebeck 34 „

Gefüge: Sorbit und Perlit (Vergütungsgefüge).
Formgebung: Übergang des Achsschenkels zum Achsschenkelkörper mit ungenügendem Ausrundungshalbmesser ausgeführt.

Ursache: Kerbwirkung, verursacht durch den schroffen Übergang an der Wurzel des Achsschenkels. Die Biegungsbeanspruchung beträgt im gefährlichen Querschnitt an der Wurzel des Achsschenkels zwar nur die Hälfte der Dauerfestigkeit des Werkstoffes; durch die spannungserhöhende Kerbwirkung ist aber bei ungünstigen Betriebsverhältnissen eine Überschreitung der Dauerfestigkeit, die Ermüdung des Werkstoffes herbeiführt, möglich.

Der Achsschenkel ist mit verstärkten Abmessungen und sanfteren Übergang an seiner Wurzel ersetzt worden.

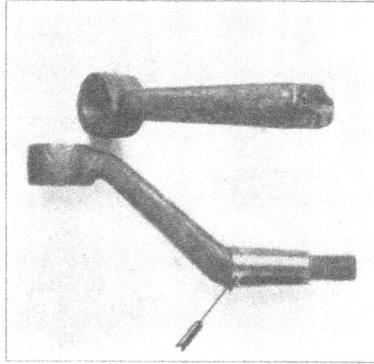

Teil: Lenkhebel eines Lastkraftwagens.

Werkstoff: Vergütungsstahl.
  Festigkeit: 73,5 kg/mm².
  Gefüge: Sorbit und Ferrit (Vergütungsgefüge).

Schaden: Ermüdungsbrüche am stärkeren Ende des eingespannten konischen Lenkhebelzapfens.

Ursache: Kerbwirkung, verursacht durch den weiteren Rand der zur Aufnahme des konischen Lenkhebelzapfens dienenden konischen Sitzfläche des Achsschenkelkörpers. (Flächenpressung in der Konusverbindung zu groß?)

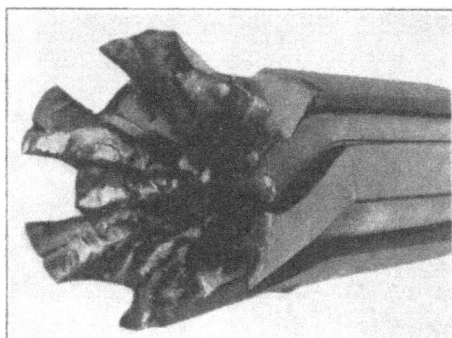

Teil: Hinterachsseitenwelle (Differentialseite).
Werkstoff: Vergütungsstahl.
Festigkeit: 78,8 kg/mm².
Gefüge: Sorbit und Ferrit (Vergütungsgefüge).
Formgebung: Keilbahnen hinterschnitten.
Schaden: Ermüdungsbrüche im genuteten Teil der Welle. Zuerst treten die radial nach innen laufenden Ermüdungsbrüche auf. Die Verwindung der Welle nimmt mit fortschreitender Tiefe derselben zu.
Ursache: Spannungserhöhung durch Kerbwirkung an der Hinterschneidung der Keilbahnen. Werkstoff für den gegebenen Verwendungszweck zu weich.

Im Hinblick auf die meist sehr ungünstigen Beanspruchungsverhältnisse der Differentialseitenwellen ist an sich größte Widerstandsfähigkeit des Werkstoffes gegen dauernd wechselnde Beanspruchung zu fordern, da auch bei richtiger Ausbildung der Nutung eine gewisse Kerbwirkung nicht zu umgehen ist.

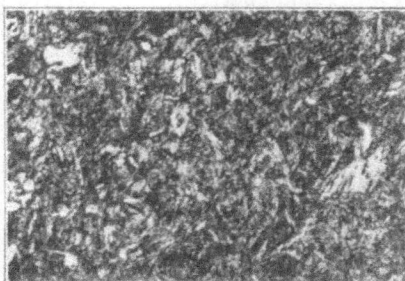

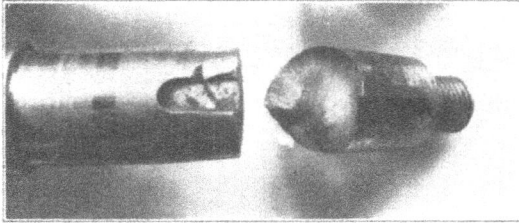

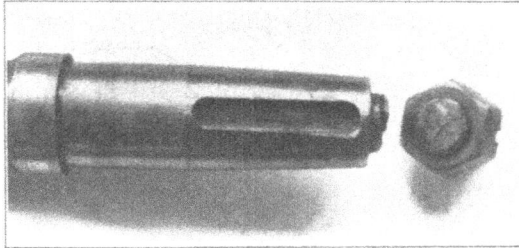

Teil: Hinterachsseitenwelle (Radseite).

Werkstoff: Vergütungsstahl.
Festigkeit: 86,5 kg/mm².

Schaden: Ermüdungsbrüche im konischen Teil und im Gewindezapfen.

Ursache: Wechselnde Biegungsüberbeanspruchung durch Überlastung. Lockerer Sitz der Radnabe. Werkstoff entsprechend.

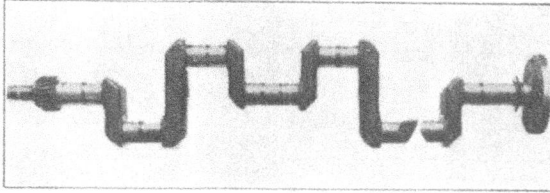
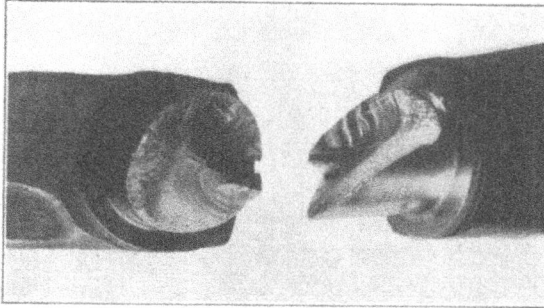

Teil: Kurbelwellen.
Werkstoff: Vergütungsstahl.
Schaden: Ermüdungsbrüche
    1. an einem Kurbelzapfen,
    2. an einer Kurbelwange.
Ursache: Wechselnde Biegungsüberbeanspruchungen, durch Ver-
    spannen der Welle infolge schlecht ausgefluchteter Lager verursacht.

32

Teil: Kurbelwelle (Flugzeugmotor).

Werkstoff: Vergütungsstahl.
Festigkeit 90 kg/mm².

Schaden: Spiralförmiger Ermüdungsbruch im schwungradseitigen Lagerzapfen, von der Keilnut ausgehend.

Ursache: Wechselnde Verdrehungsüberbeanspruchungen. Schwächung der Hohlwelle an der Keilnutenseite durch Versetzen der Bohrung.

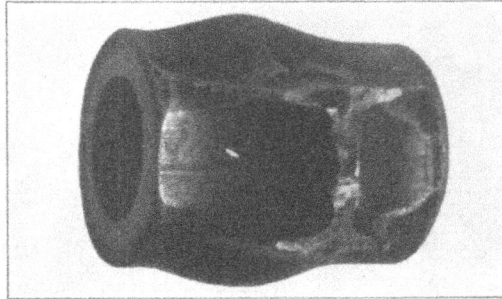

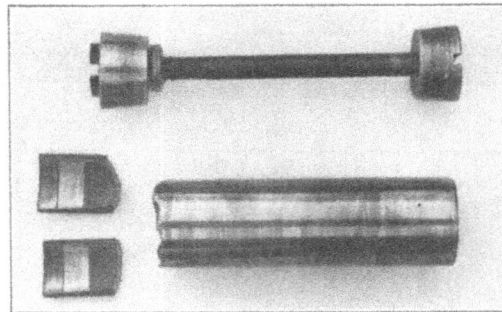

Teil: Pleuelstange.
Werkstoff: Vergütungsstahl.
Schaden: Bruch in der Nähe des Pleuelstangenkopfes.
Ursache: Mehrmaliges Hin- und Herbiegen infolge Kolbenbolzenbruches; Bruchfläche dachförmig.

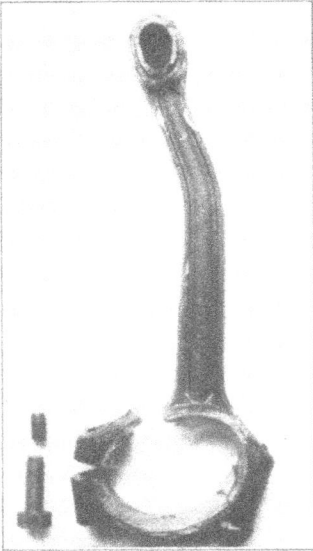

Teil: Lagerdeckel-Schraubenbolzen.
Werkstoff: Vergütungsstahl.
    Festigkeit 160 kg/mm².
Schaden: Ermüdungsbruch am Gewinde-
    ansatz.
Ursache: Hohe Oberflächenkerbempfind-
    lichkeit des Werkstoffes infolge zu
    großer Härte. Beim Vergüten des
    Werkstoffes ist vermutlich das Anlas-
    sen nach dem Härten unterblieben.

Teil: Pleuelstange.
Werkstoff: Vergütungsstahl.
Schaden: Gewaltsamer Bruch durch einseitige Belastung.
Ursache: Bruch einer überhärteten Lagerdeckelschraube infolge eines An-
risses. (Siehe Pfeile.)

Teil: Bremsgestänge.
Werkstoff: Vergütungs-
    stahl. Festigkeit
    72,0 kg/mm².
Formgebung: Zweifache
    Kröpfung.

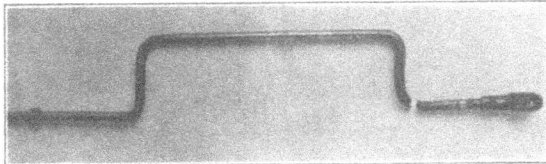

Schaden: Plötzlicher Bruch an einer Biegung.

Ursache: Stoßartige Biegungsüberbeanspruchung bei einem Bremsversuch.
Kröpfung von Zugelementen möglichst vermeiden.
Die rotwarmen Zonen nach dem Biegen nicht abschrecken.

1.

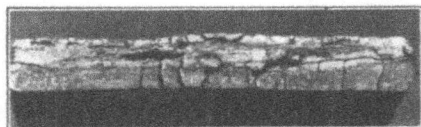

2.

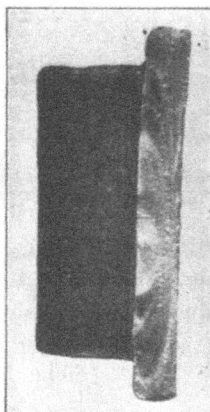

3.

Teil: Federblätter.
Werkstoff: Federstahl.
Schaden: 1. u. 2. Gewaltbruch,
          3. Ermüdungsbruch.
Ursache:
  1. Überbeanspruchung als Folge eines Unfalles.
  2. Werkstoff der Betriebsbeanspruchung nicht gewachsen.
  3. Kerbwirkung durch eingeschlagene Ziffer.

Teil: Auslaßventil.

Schaden:

1. Ventilsitz einseitig stark verzundert.
2. Ermüdungsbruch im Übergangsquerschnitt *a*.

Ursache:

1. Ventilschaftführung schräg zum Ventilsitz.
2. Ermüdungsbruch, durch einen Härteriß eingeleitet.

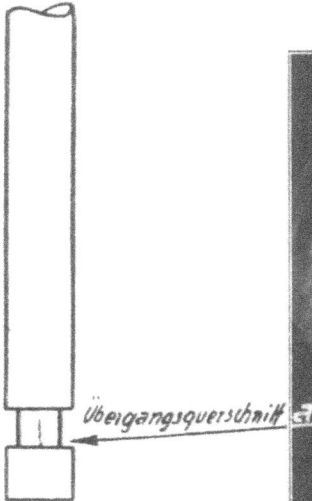

Übergangsquerschnitt *a*

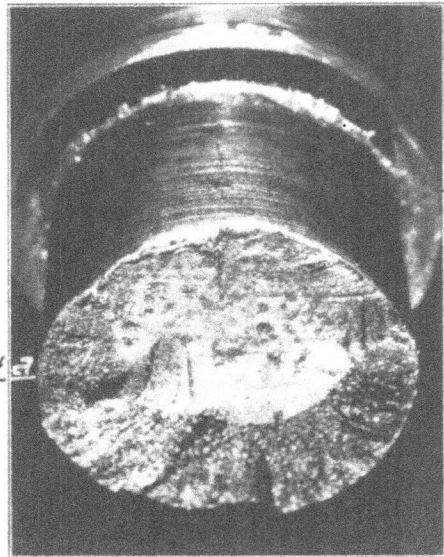

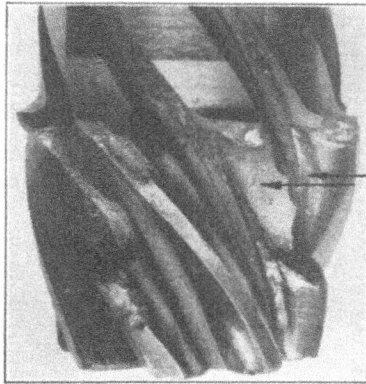

Teil: Antriebsritzel und Tellerrad.

Schaden: Antriebsritzel: Zerstörung jedes 2. Zahnes am starken Ende bis zur Mitte durch Ermüdungsbruch.

Die beim Vorwärtsgang eingreifenden Zahnflanken der dazwischen liegenden Zähne am Zahnfuß angegriffen.

Tellerrad: Zähne abwechselnd am inneren Ende ausgebrochen und in der Mitte der Zahnkopfkanten angegriffen.

Ursache: Dauernde Überbeanspruchung der Zähne durch falschen Zahneingriff:
1. Eingriff zu tief.
2. Schwenkung der Ritzelachse in der senkrechten Ebene nach abwärts um das Ritzel als Drehpunkt.

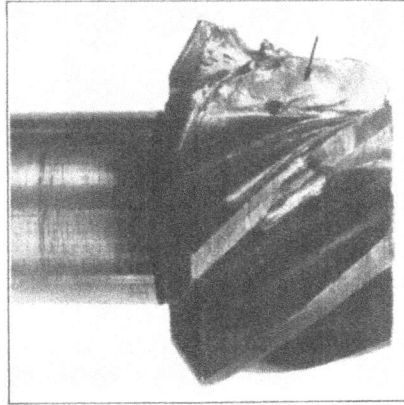

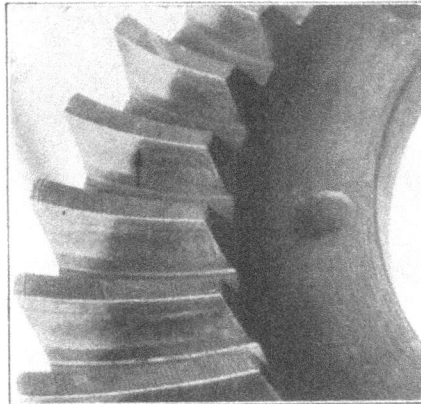

Teil: Tellerrad mit Antriebsritzel.

Schaden: Ritzel: Gleichlaufende Ermüdungsanbrüche an jedem Zahn, ausgehend von der beim Vorwärtsgang eingreifenden Zahnkopfkante. (Siehe Pfeile.)

Tellerrad: Starke Abnützung an der beim Vorwärtsgang arbeitenden Zahnflanke.

Ursache: Dauernde Überbeanspruchung der Ritzelzähne durch falschen Zahneingriff.

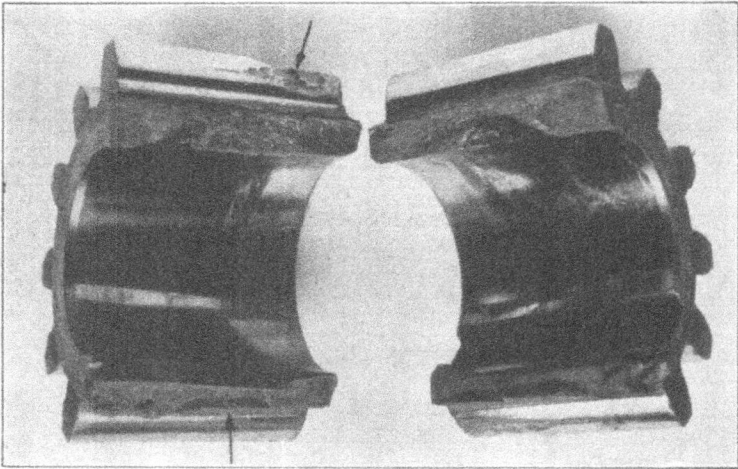

Teil: Antriebs-Stirnrad.

Schaden: Bruch, ausgelöst durch einen Ermüdungsanbruch, der von einer Nutenecke ausgeht und sich über die halbe Zahnkranzbreite erstreckt. Zahnflanken einseitig auf halbe Zahnbreite stark angegriffen. — Zahnflankenabnützung und Ermüdungsanbruch liegen auf derselben Seite.

Ursache: Einseitiger Zahndruck infolge falschen Zahneingriffes.

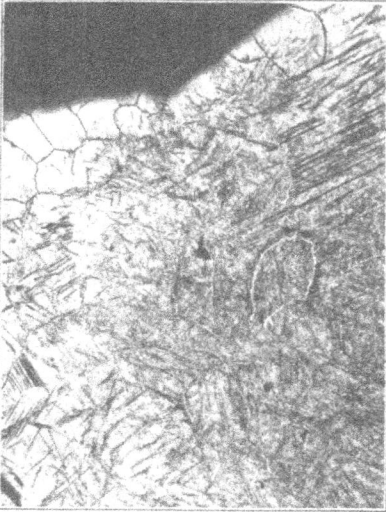

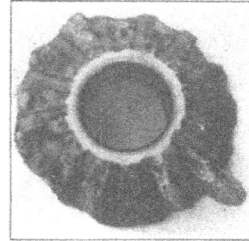

Teil: Planetenrad aus einem Ausgleichgetriebe.

Schaden: Sämtliche Zähne abgeschert.

Ursache: Werkstoff-Fehler. Einsatzschicht (a), bestehend aus Zementitnetzwerk und -Nadeln, spröde infolge Überkohlung; Kernwerkstoff (b), bestehend aus Ferrit und Martensit. Festigkeit infolge fehlerhafter Wärmebehandlung nicht voll ausgenützt; anscheinend nach langsamer Abkühlung aus dem Einsetzen nur Einfachhärtung aus etwa 750 bis 780⁰.

Teil: Tellerrad.
Schaden:
Einige Zähne im schwachen Teil ausgebrochen. (Siehe Pfeil.)
Ursache: Werkstoff-Fehler, fast vollständige Durchkohlung des Zahnprofiles im schwachen Zahnteil beim Einsatzhärten, Sprödigkeit.

Teil: Anlasserzahnkranz.
Schaden: Zähne an der Schneide beschädigt. (Siehe Pfeile.)
Ursache: Werkstoff-Fehler, vollständige Durchkohlung des spitzauslaufenden Zahnteiles beim Einsatzhärten, Sprödigkeit.

Teil: Planetenrad eines Ausgleichgetriebes.
Schaden: Ausbrechen der Zähne.
Ursache: Werkstoff-Fehler. Einsetzen und Härten versäumt.

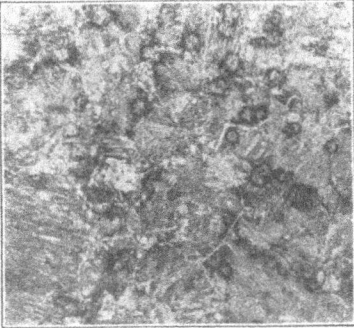

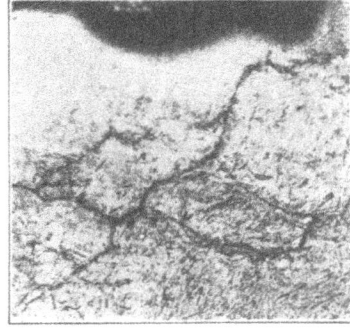

Teil: Tellerrad.

Schaden: Ausbröckeln der Einsatzschicht an den Zahnkopfkanten.

Ursache: Werkstoff-Fehler, Sprödigkeit der Einsatzschicht infolge Überhitzung.

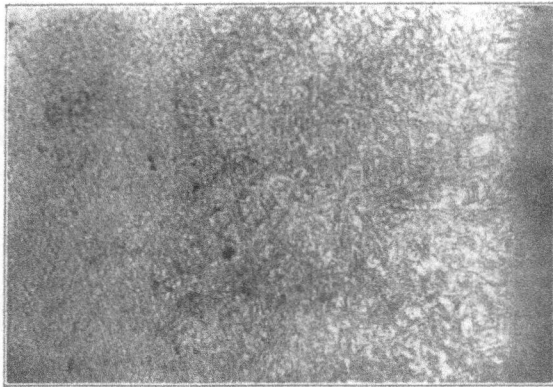

Teil: Antriebsritzel.

Schaden: Einige Zähne ausgebrochen.

Ursache: Überlastung — spröder Werkstoff.
Einsatzschicht überhitzt gehärtet, Kernwerkstoff reiner Martensit.
Einsatzhärtung fehlerhaft, vermutlich Einfachhärtung unmittelbar aus der Einsatztemperatur.

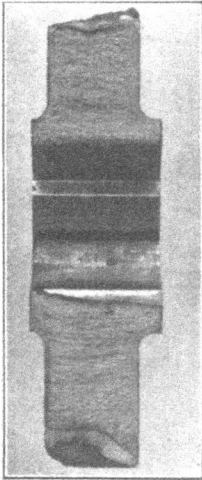

Teil: Getriebe-Stirnrad.

Formgebung: Zahnradrohling von einem Rundstahlblock abgetrennt, statt geschmiedet, Faserverlauf daher parallel zur Achse statt radial.

Schaden: Zähne einseitig in schräger Richtung abgenützt.

Ursache: Gewaltsame Überbeanspruchungen der Zähne. (Fehlerhaftes Schalten.)
Bruch der Zähne durch den unzweckmäßigen Faserverlauf begünstigt.

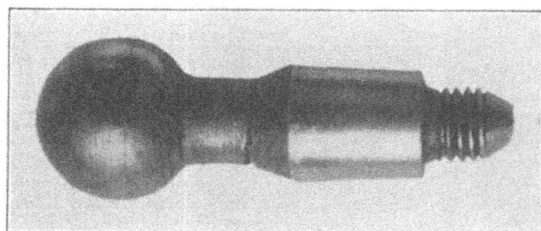

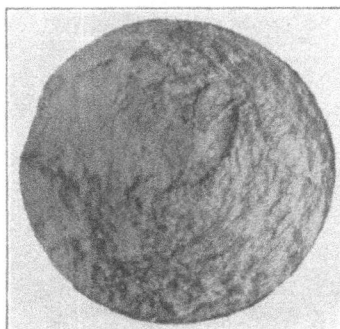

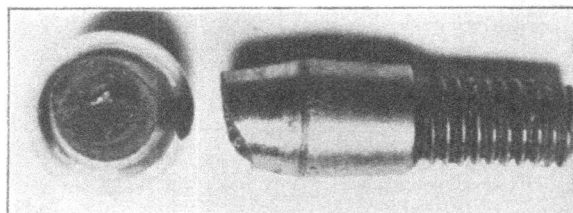

Teil: Kugelbolzen.

Schaden:

1. Gewaltsamer Verdrehungsbruch am Übergang des konischen Teiles zum Hals.
2. Bruch am Übergang des Halses zum Kugelkopf bei scharfer Betriebsbeanspruchung.

Ursache:

1. Festklemmen des Kugelkopfes zwischen den Gelenkpfannen infolge zu starker Anspannung der Stoßstangengelenkfedern; begünstigt durch die unsachgemäße Bohrung im Kugelkopf. Fehlerhafter Zusammenbau.
2. Schwächung durch Ermüdungsanbruch.

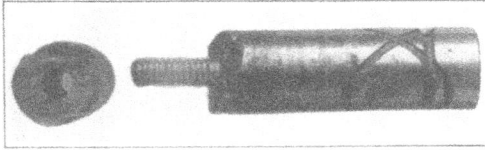

Teil: Achsschenkelbolzen.

Schaden: Ermüdungsbruch, von einer Ecke der Quernut für die Halteschraube ausgehend.
Die Bruchstücke sind durch einen in die Bohrung eingeschlagenen Schraubenbolzen zusammengehalten.

Ursache: Überbeanspruchung infolge ausgeschlagener Lagerung des Achsschenkelbolzens. Spannungserhöhung durch Kerbwirkung.

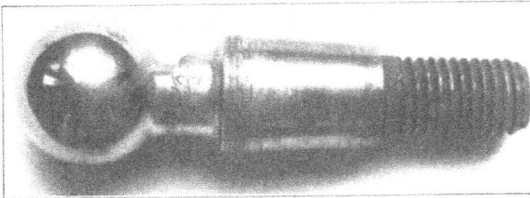

Schaden: Abnützungserscheinungen an einsatzgehärteten Teilen (Kugel- und Federbolzen).

Ursache: Ungenügende Wartung.

D. DRAHTWERKSTOFFE

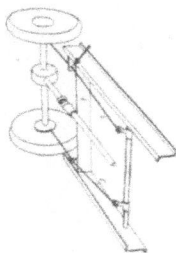

3.

1.

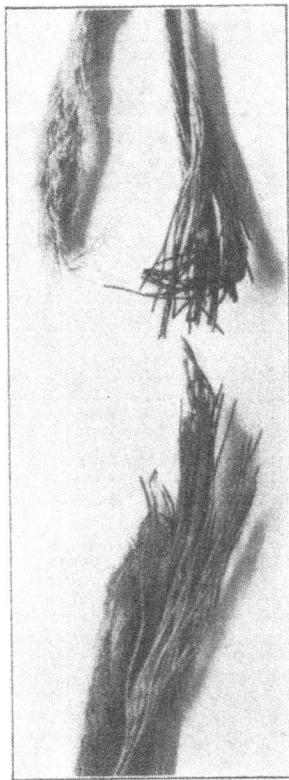

2.

Teil: Bremsseile.

Schaden:

1. Scheuerstelle; am eingebauten Seil schwer erkennbar, da die abgescheuerten Drähte im Seilverband liegen bleiben.

2. Alter Bruch an einem Bremsseil. Bruchenden am linksseitigen Seilstück zugeschliffen und angerostet, am rechtsseitigen Seilstück spitz zu

Seilstück durch Rosten abgestumpft, anhaftender Straßenschmutz.

Ursache: Scheuern in einer Durchtrittsöffnung eines Rahmenquerträgers. (Siehe 3.)

Zu 2. Bruch des Seiles bereits während des Betriebes eingetreten; rechtsseitiges Seilende wurde längere Zeit am Boden nachgezogen.

E. GUSSWERKSTOFFE

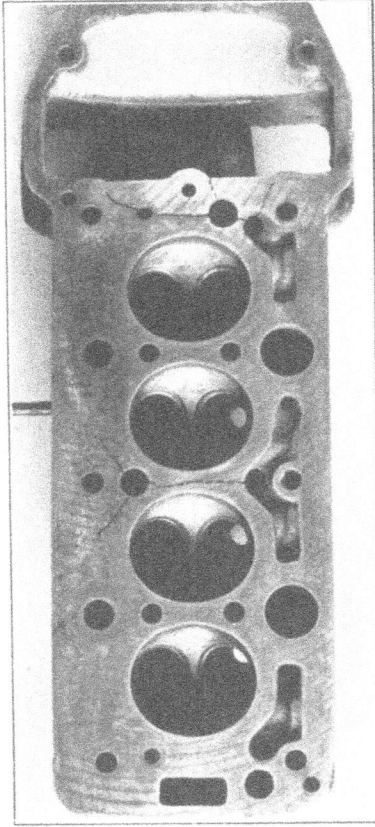

Teil: Zylinderkopf.
Werkstoff: Grauguß.
Schaden: Risse an den Wasserdurchtrittsöffnungen der Bodenplatte.
Ursache: Überhitzung infolge Wassermangel.

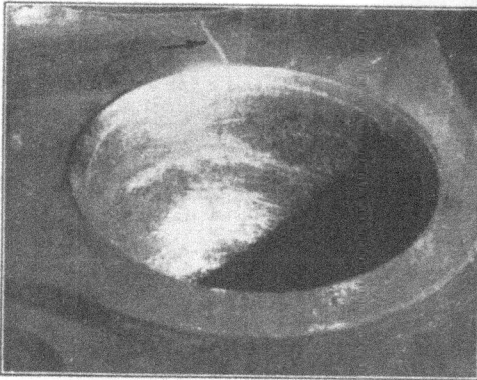
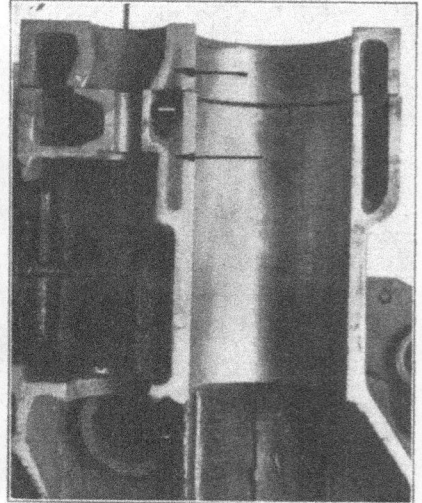

Teil: Zylinderblock.
Werkstoff: Grauguß.
Schaden: Risse zwischen den Zylinder- und Ventilbohrungen.
Ursache: Ungenügende Kühlung infolge von Kernrückständen (siehe Pfeile), Überhitzung.

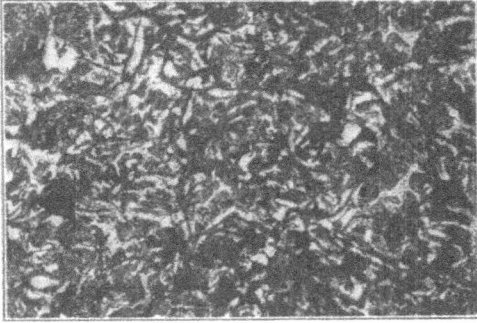

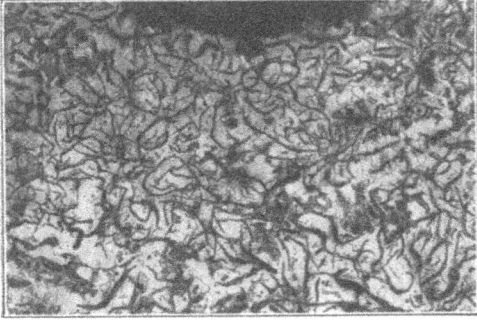

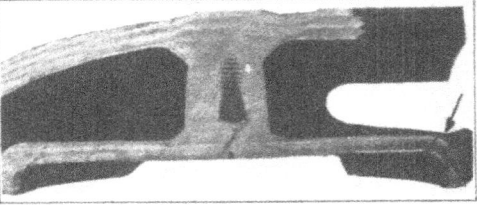

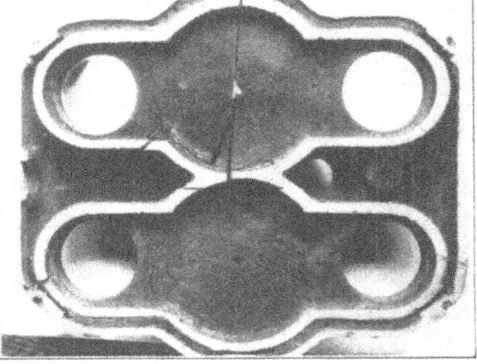

Teil: Zylinderblock mit angegossenem Zylinderdeckel.

Werkstoff: Grauguß.

Schaden: Riß am Übergang der Trennwand zwischen den Zylinderbohrungen zum Boden des einen Zylinders.

Ursache: Vermutlich Eigenspannungen, bedingt durch ungleichmäßige Gefügeausbildung des Gußwerkstoffes infolge verschiedener Erstarrungs- und Abkühlungsgeschwindigkeiten. Langsamere Erstarrung der inneren Wandteile: Ferrit als Grundmasse (Bild 1). Schnellere Erstarrung der äußeren Wandteile: Perlit als Grundmasse. (Bild 2). Spannungsfreies Glühen der Gußblöcke vorteilhaft.

2

1

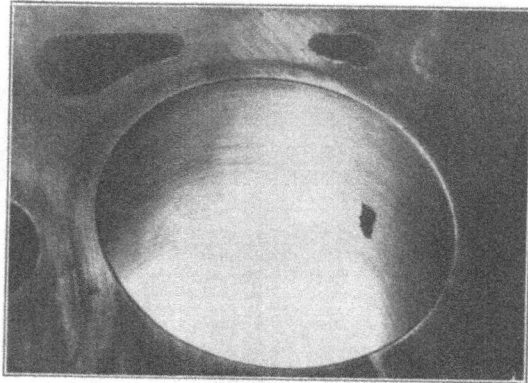

Teil: Zylinderblock.
Werkstoff: Grauguß.
Schaden: Zylinderwand beim Ausschleifen durchgebrochen.
Ursache: Lunker.

1

2

Schaden: Zerstörte Kolbenlauffläche (Fressen).

Freßspuren:

1. am oberen und unteren Kolbenrand in der Ebene des Kolbenbolzens an gegenüberliegenden Stellen;
2. u. 3. am Kolbenmantel senkrecht zur Ebene des Kolbenbolzens.

Ursache:

1. Kolben schlecht ausgewinkelt — fehlerhafter Einbau;
2. u. 3. Versagen der Schmierung beim Einfahren des neuen Kolbens.

Der Kolben 3 hat so stark gefressen, daß der Kolbenboden stellweise abgerissen wurde.

3

1

2

3

Schaden: Mechanische Beschädigungen an Kolben.

1. Radiale Risse ⎱ an den Kolben-
2. Aushöhlungen ⎰ bolzenaugen.
3. Abreißen des Kolbenbodens.

Ursache:

1. Überbeanspruchung; zu schwacher Leichtmetallkolben in einen Lastkraftwagenmotor eingebaut.
2. Aushöhlungen durch die Schlagwirkung eines abgebrochenen Stückes der Kolbenbolzensicherung hervorgerufen.
3. Bruch einer Pleuellagerdeckelschraube.

F.
SCHWEISSUNGEN U. HARTLÖTUNGEN
AN VERSCHIEDENEN WERKSTOFFEN

Teil: Scheibenrad mit verschweißten Anrissen.

Werkstoff: Festigkeit ⎱ siehe S. 17.
Gefüge ⎰

Beurteilung der Instandsetzung: Ausbesserung des Rißschadens durch Schweißen unzulässig.

1. Ausführung der Schweißung mangelhaft; Raupe ungleichmäßig. Das aufgetragene Schweißgut ist weicher als der Grundwerkstoff und weist daher besonders bei mangelhafter Ausführung der Schweißung wegen der hohen Kerbempfindlichkeit geringe Widerstandsfähigkeit gegen Dauerbeanspruchung auf.

2. Die Ursache der Rißbildung: das Schlagen des Rades wird durch das Verschweißen der Risse nicht beseitigt.

60

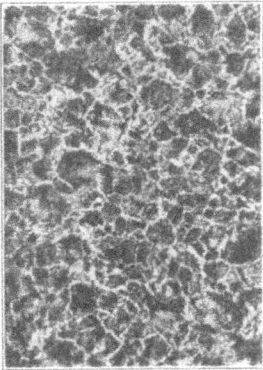

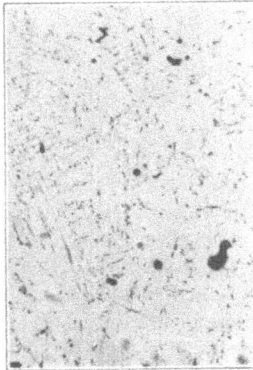

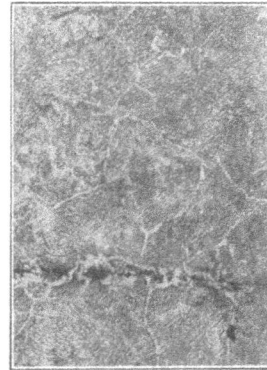

Teil: Lenkhebel mit verschweißtem Anriß. (Bild 1.)
Schaden: Bruch an der geschweißten Stelle.
Werkstoff: Vergütungsstahl.

Bild 2: Längsschnitt durch den abgebrochenen Zapfen (geätzt).
Bild 3: Gefüge des Grundwerkstoffes, Ferritnetzwerk:
   Sprödigkeit — Anriß.
Bild 4: Gefüge der aufgetragenen Schweiße.
Bild 5: Gefüge der Übergangszone.
Durch das Schweißen wurde das Gefüge noch weiter verschlechtert.

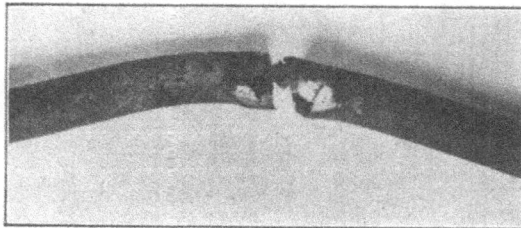

Schaden: Stoßstange mit verschweißter Scheuerstelle. Der Bruch war die Folge eines Unfalles, nicht die Ursache desselben; die Rohrwand war an einer Stelle infolge Anschleifen des Rades bei vollem Einschlag durchgebrochen und der beschädigte Querschnitt durch Ermüdungsanbrüche noch bis auf etwa ein Viertel des Umfanges geschwächt; Verschweißen einer Scheuerstelle an sich unzweckmäßig, bei so weitgehender Schwächung des Rohrquerschnittes verantwortungslos; die Ursache des Scheuerns: der zu große Einschlag des Rades, ist nicht behoben worden.

1

1

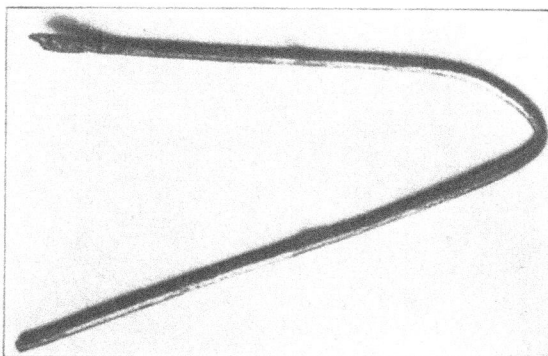

2

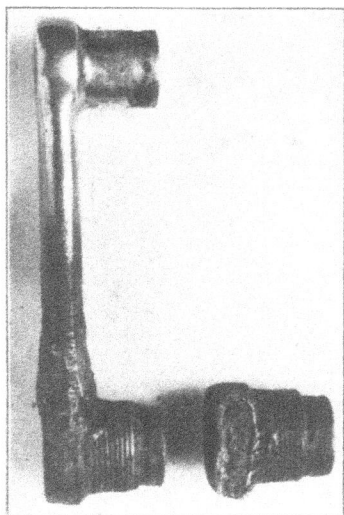

3

Geschweißte Motorradteile.
1. Bremshebel.
2. Bremsgestänge.
3. Gabelschwinghebel.

Schaden: Brüche an den Schweißstellen; schlechte Ausführung der Schweißung äußerlich nur bei 2 erkennbar; Schweißung bei 1 und 3 äußerlich
einwandfrei, trotz schlechter Bindung im Innern. Bei 1 sind die von
der vorbereitenden Bearbeitung herrührenden Feilstriche im Bruch-
querschnitt noch zu erkennen.

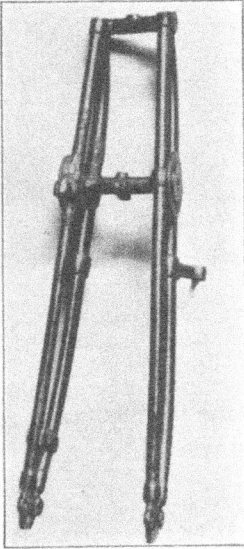

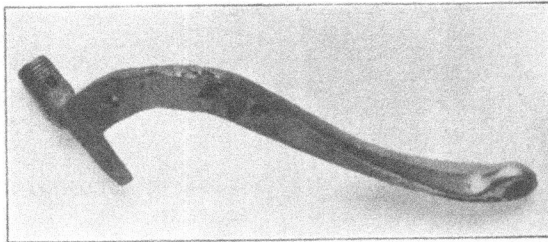

Schaden:
1. Anrisse in den rechtsseitigen Gabelstützen der Vorderradgabel eines Motorrades,
2. gebrochener Handbremshebel, durch Hartlötung ausgebessert.

Derartige Instandsetzungen sind zu verwerfen. Die Hartlötungen sind an sich schlecht ausgeführt.

R. Oldenbourg, München.

www.ingramcontent.com/pod-product-compliance
Lightning Source LLC
Chambersburg PA
CBHW031453180326
41458CB00002B/749

* 9 7 8 3 4 8 6 7 6 4 8 3 3 *